BEI GRIN MACHT SICH IHR WISSEN BEZAHLT

- Wir veröffentlichen Ihre Hausarbeit, Bachelor- und Masterarbeit
- Ihr eigenes eBook und Buch - weltweit in allen wichtigen Shops
- Verdienen Sie an jedem Verkauf

Jetzt bei www.GRIN.com hochladen und kostenlos publizieren

Bibliografische Information der Deutschen Nationalbibliothek:

Die Deutsche Bibliothek verzeichnet diese Publikation in der Deutschen Nationalbibliografie; detaillierte bibliografische Daten sind im Internet über http://dnb.d-nb.de/ abrufbar.

Dieses Werk sowie alle darin enthaltenen einzelnen Beiträge und Abbildungen sind urheberrechtlich geschützt. Jede Verwertung, die nicht ausdrücklich vom Urheberrechtsschutz zugelassen ist, bedarf der vorherigen Zustimmung des Verlages. Das gilt insbesondere für Vervielfältigungen, Bearbeitungen, Übersetzungen, Mikroverfilmungen, Auswertungen durch Datenbanken und für die Einspeicherung und Verarbeitung in elektronische Systeme. Alle Rechte, auch die des auszugsweisen Nachdrucks, der fotomechanischen Wiedergabe (einschließlich Mikrokopie) sowie der Auswertung durch Datenbanken oder ähnliche Einrichtungen, vorbehalten.

Impressum:

Copyright © 2016 GRIN Verlag
Druck und Bindung: Books on Demand GmbH, Norderstedt Germany
ISBN: 9783668972605

Dieses Buch bei GRIN:

https://www.grin.com/document/475211

Sadik Mejid

Wie kann man die licht-aktive Schicht von Solarzellen optimieren? Vergleichende Betrachtung von anorganischen-, organischen- und Hybridsolarzelltypen

GRIN - Your knowledge has value

Der GRIN Verlag publiziert seit 1998 wissenschaftliche Arbeiten von Studenten, Hochschullehrern und anderen Akademikern als eBook und gedrucktes Buch. Die Verlagswebsite www.grin.com ist die ideale Plattform zur Veröffentlichung von Hausarbeiten, Abschlussarbeiten, wissenschaftlichen Aufsätzen, Dissertationen und Fachbüchern.

Besuchen Sie uns im Internet:

http://www.grin.com/

http://www.facebook.com/grincom

http://www.twitter.com/grin_com

Vergleichende Betrachtung zu Dünnschicht-Solarzellen

Mathematisch-Naturwissenschaftliche Fakultät
der Universität zu Köln

Studiengang M. Sc. Chemie

vorgelegt von:

Sadik Mejid

Inhalt

- Historie

- Grundlagen
- Die Parameter von Solarzellen
- Solarzellentypen
- **Anorganische Dickschichtsolarzellen**
  - c-Si-Solarzellen
  - Heterosolarzelle (c-Si uns a-Si
  - CdTe , GaAs, CIGS, Multi-junction-Konzentrator Solarzellen
  - CZTS(Se), ($Cu_2ZnSnS(Se)_4$)

- **Organische Solarzellen**
  - Polymersolarzellen
  - Solarzellen basieren auf kleine Moleküle
- **Hybridsolarzellen**
  - Farbstoffsensibilisierte Solarzelle (DSSC), Grätzelzelle
  - Quantum dot Solarzellen
  - Perowskit-Solarzelle
- **Zusammenfassung**

Historie

1839: Entdeckung des photovoltaischen Effekts durch A.E. Becquerel.
1873: Photoleitfähigkeit von Selen.
1883: Erste Photozelle aus Selen.
1899: Nachweis des Photoeffekts durch Lennard.
1905: Erklärung durch Einstein mittels Quantentheorie.
1947: Entdeckung des p-n-Übergangs durch Shockley, Brattain, Bardeen.
1953: Entwicklung der ersten Solarzelle aus Silizium bei Bell Labs durch Chaplin, Fuller, Pearson, Wirkungsgrad: 4 – 6%.
1958: Erster praktischer Einsatz im Satelliten Vangard I.
1976: Gründung des „Department of Energy" (DOE) in den USA, Solarzellen auch für terrestrische Energieversorgung.

Zukünftsalternative

Flexible Dünnschicht-Solarzelle. 7 % der Saharafläche als Solarzelle (blaues Quadrat) hätte den Energiebedarf der ganzen Welt für ein Jahr gedeckt, (Bei η=5%, 1000 W/m², 12h/Tag)[1]

[1] J. Sheffield. world population growth and the role of annual energie use per capita. Technol. Forcast. Soc. **1998**, Vols. 59, 55.

Entwicklung der Solarenergie

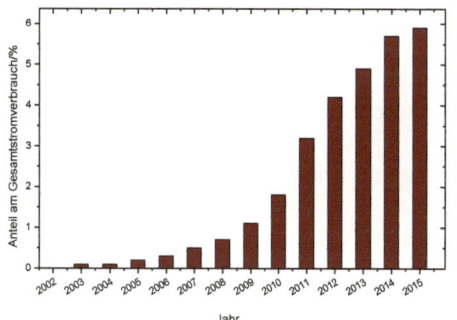

Der steigende Anteil der Energieerzeugung aus Solarstrom am gesamten Stromverbrauch in Deutschland in einem Jahr.[2]

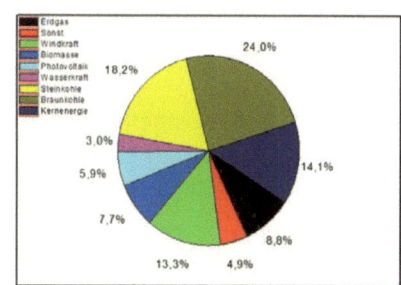

Anteil der Energieträger an der Bruttostromerzeugung in Deutschland für Jahr 2015 mit insgesamt 647 Mrd. kwh.[3]

[2] Statistika. [Online] [Cited: 6, 21, 2016] Statista, Anteil der Photovoltaik an der Stromerzeugung in Deutschland bis 2014 | Statistik. Available: http://de.statista.com/statistik/daten/studie/250915/umfrage/anteil-der-photovoltaik-an-der-stromerzeugung-in-deutschland/ (24.3.15).
[3] Stromquellen im Vergleich. [Online] 2016. http://strom-report.de/strom-vergleich/# stromerzeugung-2015.

Grundlagen, Innerer Photoelektrischer Effekt

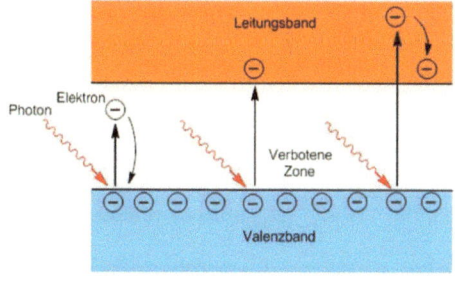

Das Licht einer bestimmten Wellenlänge trifft auf die Metalloberfläche und hebt ein Elektron vom Valenzband in das energetisch höher gelegene Leitungsband.

Grundlagen

Bedingungen für die direkte Umwandlung von Strahlung in elektrische Energie:

1) Die Strahlung muss eingefangen werden (Absorption).

2) Die Lichtabsorption muss zur Anregung beweglicher negativer und positiver Ladungsträger führen.

3) Die Ladungen müssen getrennt werden.

Halbleiter (z.B. Silizium oder GaAs) erfüllen Bedingung 1) und 2)

Zur Ladungstrennung wird ein Übergang (pn-Übergang) benötigt.

Grundlagen

Erhöhung der Leitfähigkeit durch Dotierung:

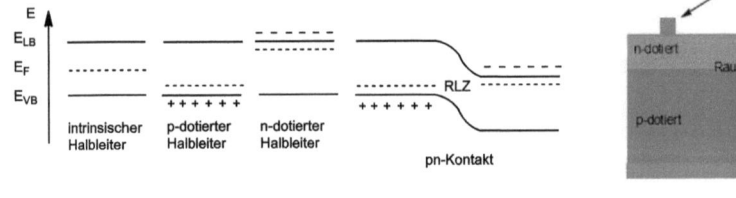
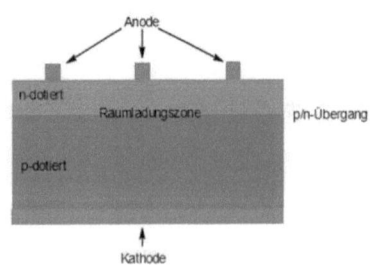

- **n-Dotierung**: Fremdatome haben mehr Elektronen, als für die chemische Verbindung notwendig
  ⇒ **Elektronenleitung**
- **p-Dotierung**: Fremdatome haben weniger Elektronen, als für die chemische Verbindung notwendig
  ⇒ **Löcherleitung**

Der p-n-Übergang

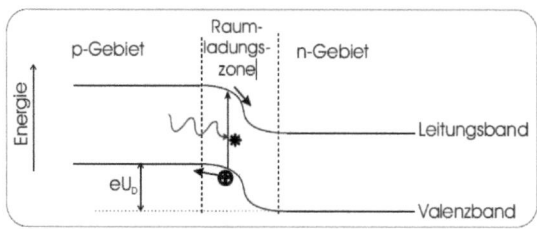

Gefälle: die eingebaute U in der RLZ des p/n-Übergangs (x Elementarladung e).

Elektronen verhalten sich wie Steine und rollen nach unten.
Löcher steigen wie Luftblasen nach oben.

Elektron-Loch Paare, die in der Raumladungszone erzeugt werden, werden durch das Gefälle sofort getrennt

Grundlagen, Verluste an Sonnenenergie

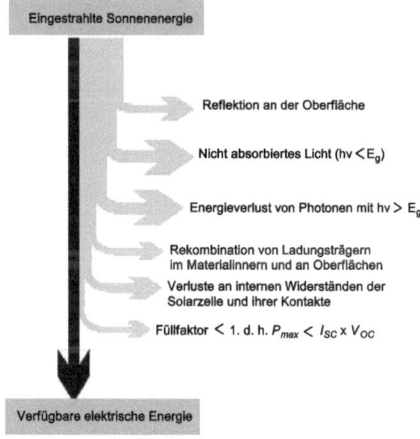

[4] G. Deltau. Photovoltaikstrom im Haushalt-Erfahrungen mit einer netzgekoppelten Photovoltaik-Anlage. [ed.] Universität Kassel. Schriften des Weiterbildenden Studiums Energie und Umwelt Heft. 3. **1995**.

Luftmasse (AM)   Sonneneinstrahlung

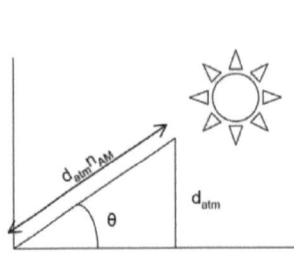
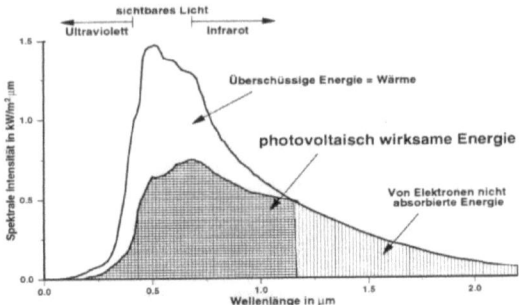

AM ist ein Maß für die Länge des Weges, den das Sonnenlicht durch die Atmosphäre bis zum Erdboden zurücklegt.

$$n_{AM} = \frac{1}{\cos\theta}$$

[4] G. Deltau. Photovoltaikstrom im Haushalt-Erfahrungen mit einer netzgekoppelten Photovoltaik-Anlage. [ed.] Universität Kassel. Schriften des Weiterbildenden Studiums Energie und Umwelt Heft. 3. **1995**.

Grundlagen, Absorption von Photonen

Die Absorbtion im Festkörper: Die Lichtintensität I fällt expo. mit dem zurückgelegtem Weg x ab.

$$I_x = I_0\, e^{-\alpha x}$$

Der Absorbtionskoeffizient α ist abhängig von Photon-Energie und dem Material.

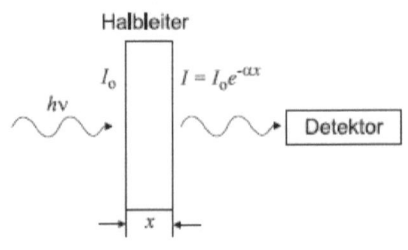
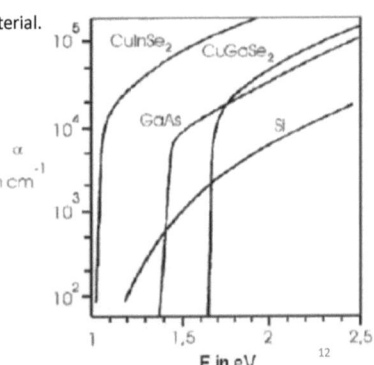

[5] http://images.slideplayer.org/16/5048636/slides/slide_16.jpg.

Strom-Spannungs-Kennlinie

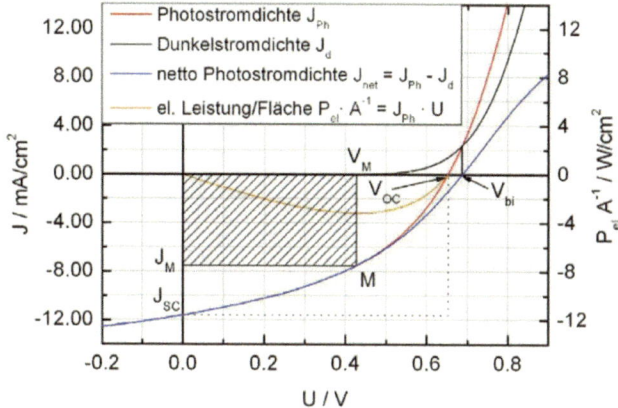

[6] K. Meerholz. Physikalisch Chemishces Praktikum. Modul Funktion und Anwendung MN-C-FA Solarzelle. s.l. : universität zu Köln, Mathematisch Naturwissenschaftliche Fakultät, **2016**, pp. 3-4.

Die Parameter von Solarzellen

- **Die Leerlaufspannung (V_{OC}):** Die maximale Spannung, die eine Solarzelle aufbauen kann, wenn kein Verbraucher angeschlossen ist.
- Beispielsweise bei organischen Solarzellen entspricht sie der Differenz der beteiligten HOMOs des Donators und LUMOs des Akzeptors.

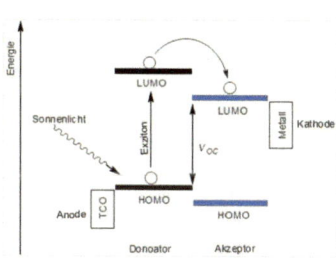
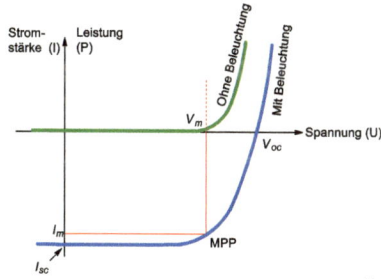

Der Kurzschlussstrom (I_{SC})

- I_{sc} ist die Stromstärke, die im Kurzschlussfall vom Minuspol zum Pluspol einer Solarzelle fließt.

- Sie ist abhängig davon, wieviel des Sonnenspektrums ein Absorber absorbieren kann.
- Ist proportional zur Menge der absorbierten Photonen.

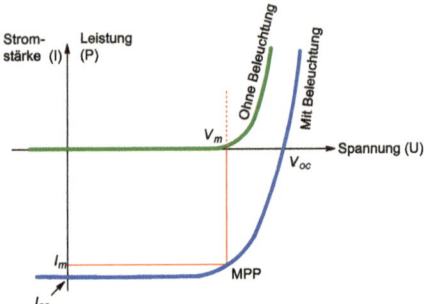

Der Füllfaktor (FF)

- Der Füllfaktor FF: ist das Verhältnis der von der Solarzelle im MPP abgegebene Leistung zu dem Produkt aus Leerlaufspannung und Kurzschlussstrom.

- Anschaulich: wie viel das größte unter die *I-U*-Kennlinie passende Rechteck (MPP-Leistung) von dem aus Leerlaufspannung und Kurzschlussstrom aufgespannte Rechteck ausfüllt.

- Zwei gegenläufige Tendenzen: kleinere Bandbreite   größerer Strom
  größere Bandbreite   größere Spannung

$$FF = \frac{I_m \cdot V_m}{I_{SC} \cdot V_{OC}}$$

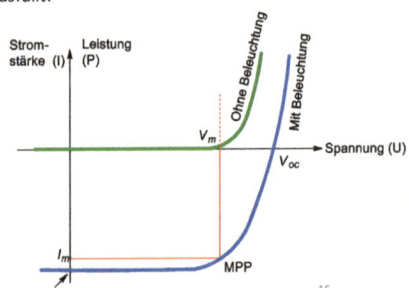

Quantenausbeute (QE)

- QE ist definiert als das Verhältnis zwischen der Anzahl der einfallenden Photonen und der Anzahl der dadurch generierten Ladungsträger, die zur Photostromdichte J_{SC} beitragen [7]

$$EQE\ (\lambda) = \frac{J_{SC}(\lambda)}{q \cdot \phi(\lambda)} \qquad IQE\ (\lambda) = \frac{EQE\ (\lambda)}{1-R(\lambda)}$$

EQE Berüchsichtigt den gesamten auf die Zelle eingestrahlte Photonenfluss ɸ.

IQE berücksichtigt nur die, in die Zelle eingekoppelten Photonen.
Mit R(λ) = Reflektion

[7] www.diss.fu-berlin.de/diss/servlets/MCRFileNodeServlet/7_ReissAnhang.pdf.

Wirkungsgrad

Für einen hohen Wirkungsgrad sollen die Parameter FF, V_{OC} und I_{SC} so groß wie möglich sein. [7]

$$\eta = \frac{J_m \cdot V_m}{P_{in} \cdot A^{-1}} = \frac{FF \cdot V_{OC} \cdot J_{SC}}{P_{in} \cdot A^{-1}}$$

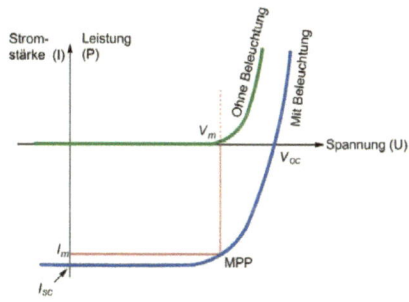

[6] K. Meerholz. Physikalisch Chemishces Praktikum. Modul Funktion und Anwendung MN-C-FA Solarzelle. s.l.: universität zu Köln, Mathematisch Naturwissenschaftliche Fakultät, 2016, pp. 3-4.

Einfluss der Temperatur

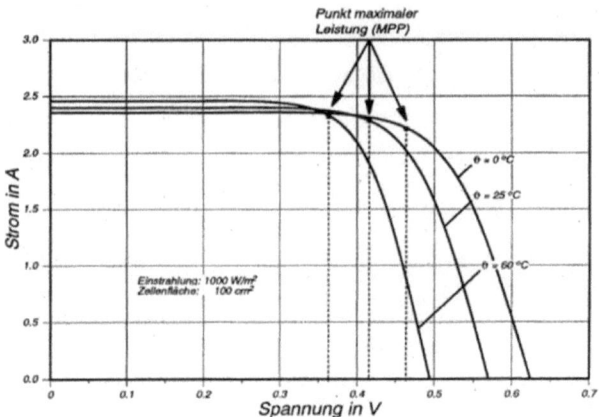

[4] G. Deltau. Photovoltaikstrom im Haushalt-Erfahrungen mit einer netzgekoppelten Photovoltaik-Anlage. [ed.] Universität Kassel. Schriften des Weiterbildenden Studiums Energie und Umwelt Heft. 3. **1995**.

Solarzellentypen

Konventionelle Si-Solarzellen, η_{max} = 25,0%[8]

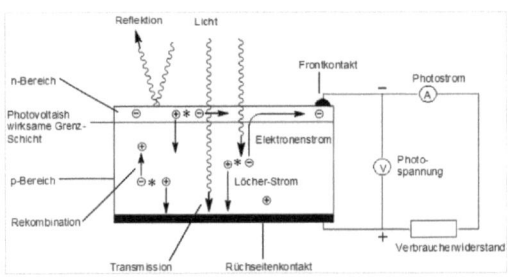

Bild aus [4]

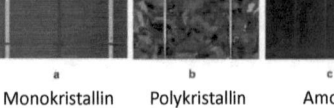

a   b   c
Monokristallin   Polykristallin   Amorph

[4] G. Deltau. Photovoltaikstrom im Haushalt-Erfahrungen mit einer netzgekoppelten Photovoltaik-Anlage. [ed.] Universität Kassel. Schriften des Weiterbildenden Studiums Energie und Umwelt Heft. 3. **1995**.
[8] The National Renewable Energy Laboratory (NREL), http://www.dyesol.com/media/wysiwyg/documents/eNewsletter/efficiencies_chart.jpg.

P-Halbeiter, n-Halbleiter

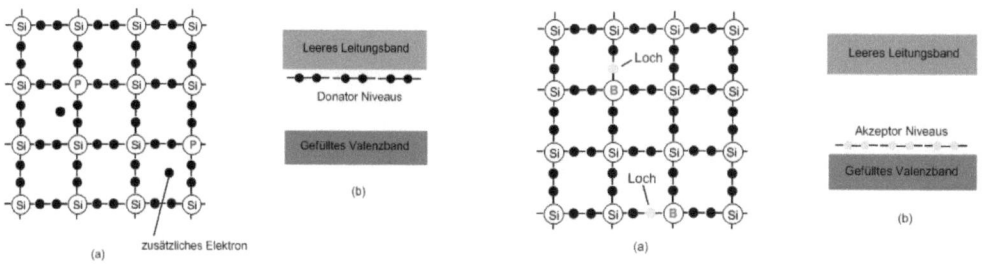

Qualitative Position Der Donator - und Akzeptorniveaus in einem Halbleiter

Herstellung

- **Czochralski-Verfahren (monokristallin)**

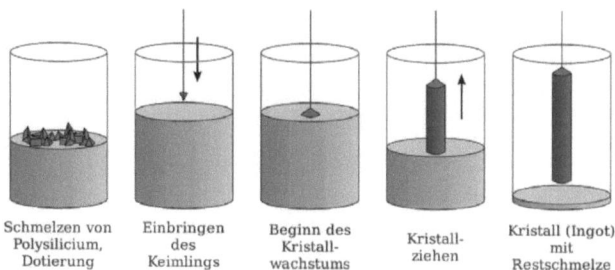

Ein Kristallstab (1 m lang und 12 cm Ø) wird aus der Schmelze langsam gezogen. (Diamantstruktur-Kristallgitter). [9]

Der zylindrische Stab wird in dünnen Scheiben (Wafer) mit einer Dicke von 100 – 350 μm zersägt.

[9] https://upload.wikimedia.org/wikipedia/commons/thumb/0/0a/Czochralski_Process_DE.svg/2000px-Czochralski_Process_DE.svg.png. [Online] [Cited: 6 14, 2016].

Herstellung

- **Bridgman-Verfahren (Polykristallin)**

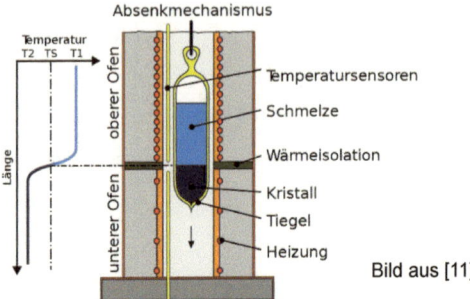

Bild aus [11]

Als erstes das Reinstsilizium aufgeschmolzen. Im unteren Teil liegt die Temperatur niedriger, sodass die Kristallisation zwingend am unteren Tiegelboden beginnt. Danach setzt sich die polykristalline Kristallisation nach oben im Tiegel fort.

[11] Photovoltaik.org. [Online] 2016. [Cited: 6 20, **2016**] http://www.photovoltaik.org /sites/default/files/wissen/bridgman-verfahren.png.

Heterosolarzelle aus kristallinen und amorphen Siliziumschichten Maximaler zertifizierter Wirkungsgrad: 25,6%[8]

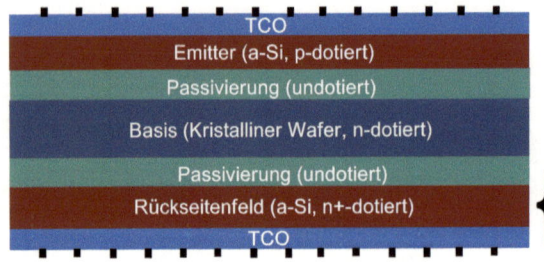

{ versiegelt die offenen Bindungen an der Rückseite und verhindert die Rekombination.

Warum Passivierung?:

Reines amorphes Silizium a-Si (ohne H) reagiert wegen offener Bindungen schnell mit umgebenden Materialien, was die Lebensdauer der Zelle verkürzt.[12]

Undotierte Passivierungsschichten + dotierte amorphe Si-Schichten → höhere Wirkungsgrade, da die Rekombination der Ladungsträger an der Oberfläche verringert wird.

[8] The National Renewable Energy Laboratory (NREL), http://www.dyesol.com/media/wysiwyg/documents/eNewsletter/efficiencies_chart.jpg.
[12] W. Sark, L. Korte, F. Roca. Physics and Technology of Amorphous-Crystalline Heterostructure Silicon Solar Cells. Springer Berlin Heidelberg. **2011**.

Herstellung

- **Plasma-unterstützte chemische Gasphasenabscheidung (PECVD, amorphes Silizium)**

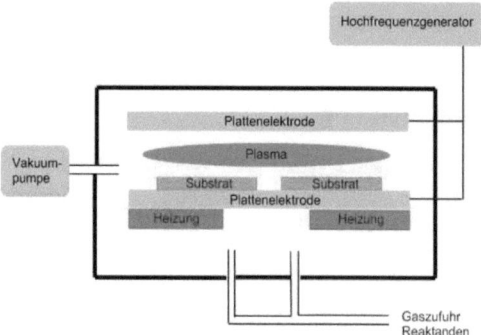

Das Si wird aus einem siliziumhaltigen Gas mithilfe des Plasmas abgeschieden, das sich dann im amorphen Zustand im Hochvakuum auf dem Trägermaterial niederschlägt.

CdTe-Solarzellen

Maximaler zertifizierter Wirkungsgrad: 21,1% [8]

- CdTe: E_g = 1,51 eV (λ= 820 nm)
- CdTe lässt sich schlecht dotieren, daher CdS als n-dotierter Heteropartner.

- CdS: E_g = 2,42 eV (λ= 554 nm). Durch Schwefel-Leerstellen n-dotiert[10] und verbessert damit auch die Bandanpassung zum n^{++}-dotierten TCO.

- Die Heterogrenzfläche CdTe/Sb_2Te_3 dient als p+-Diffusionsbarriere für Metall-atome.

[13] D. Bonnet. Manufacturing of CSS CdTe solar cells. Thin Solid Films. **2000**, pp. 361-362:547.
[8] The National Renewable Energy Laboratory (NREL), http://www.dyesol.com/media/wysiwyg/documents/eNewsletter/efficiencies_chart.jpg.

Herstellung

- **Chemische Badabscheidung**:

Aus den Verbindungen $Cd(OAc)_2$ und Thioharnstoff (CH_4N_2S) scheidet sich CdS bei etwa 90°C auf dem Substrat ab.[14]

- **Hochvakuum Dampfabscheidung**

Im Anschluss zur Dampfabscheidung von CdS und ohne Unterbrechung des Vakuums wird CdTe bei einer Substrattemperatur von 300°C abgeschieden. Die Stapel werden 30 min. in Luft bei 430°C getempert.[15]

[14] B. McCandless, W. Buchanan, R. Birkmire. High throughput processing of CdTe/CdS solar cells. **2005**, pp. 295–298.
[15] A. Romeo. Growth and characterization of high efficiency CdTe/CdS solar cells. ETH Zürich : s.n., **2002**. Dissertation.

GaAs-Solarzellen
Maximaler zertifizierter Wirkungsgrad: 29,1%[8]

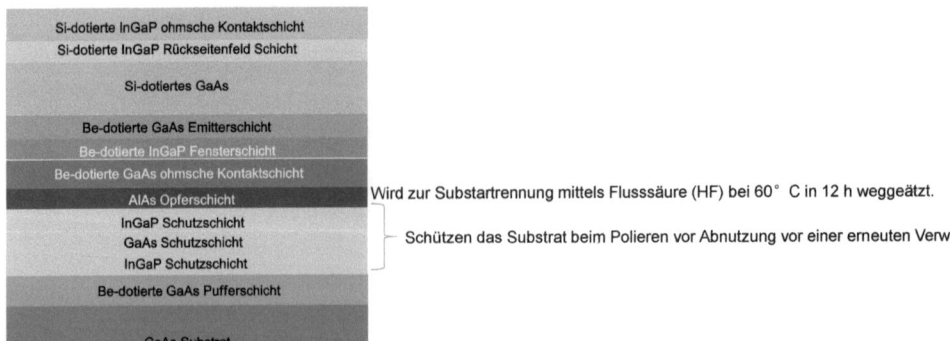

Schichtaufbau der GaAs-Solarzelle. Bild geändert aus [16]

[8] The National Renewable Energy Laboratory (NREL), http://www.dyesol.com/media/wysiwyg/documents/eNewsletter/efficiencies_chart.jpg.
[16] T. Hughes, S. R. Forest. Economical GaAs Solar Cells by Epitaxial Lift-Off and Substrate Reuse. **2012**.

Herstellung

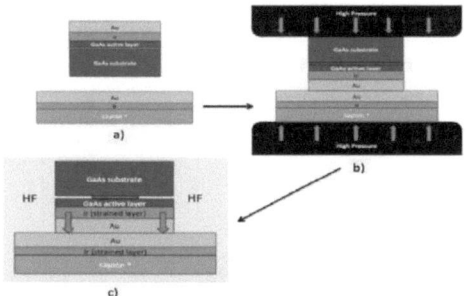

Molekuarstrahlepitexie-Gerät, um Halbleiterschichten auf ein GaAs-Substrat abzuscheiden.[18]

Der Epitaxiale Lift - off-Verfahren (ELO).

a) Ir und Au-Schichten werden auf das Substrat und das Kapton®Blatt gesputtert.

b) Die Anwendung von Hochdruckbindungen der Au-Schichten durch Kaltschweißen.

c) Die AlAs-Opferschicht wird in einer HF-Lösung weggeätzt. Das lichtaktive Dünnschicht wird auf einem Kunststoffsubstrat erhalten. Die getrennte GaAs-Substratschicht kann Wiederverwendet werden. [17]

[17] K. Lee et al. Epitaxial lift-off of GaAs thin-film solar cells followed by substrate reuse. Photovoltaic Specialists Conference (PVSC). **2012**. 38th IEEE.
[18] University of Cambridge, Deparment of Physics,. [Online] [Cited: 6 26, **2016**] http://www.phy.cam.ac.uk/research/research-groups-images/sp/images/mbe1.png.

Herstellung

- Abschließend wird ein Metallfrontkontakt mittels Photolithographie strukturiert und abgeschieden

Die fertige GaAs-Solarzelle.[17]

[17] K. Lee et al. Epitaxial lift-off of GaAs thin-film solar cells followed by substrate reuse. Photovoltaic Specialists Conference (PVSC). **2012**. 38th IEEE.

I-V-Charakteristik von GaAs-Zelle

K. Lee et al

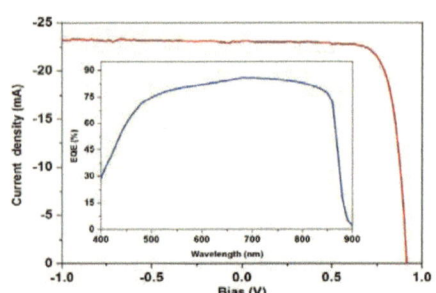

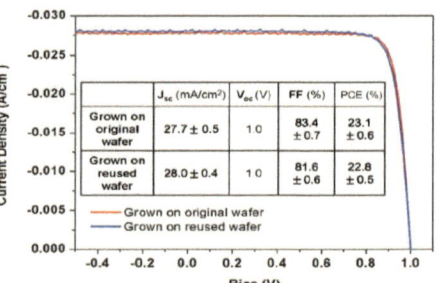

Die *I-V*-ennlinie (rot) und die externe Quanteneffizienz (blau) der nach der epitexialen Lift-Off-Methode hergestellten GaAs-Solarzelle.[17]

Die *I-V*-Kennlinie und die Leistungsparameter der GaAs-Zelle vor (rote Linie) und nach (blaue Linie) der Wiederverwendung des Substrates. [17]

[17] K. Lee et al. Epitaxial lift-off of GaAs thin-film solar cells followed by substrate reuse. Photovoltaic Specialists Conference (PVSC). 2012. 38th IEEE.

Multi-junction-Konzentrator Solarzellen
Maximaler zertifizierter Wirkungsgrad: 44,7% [8] bei 297 Sonnenkonz.

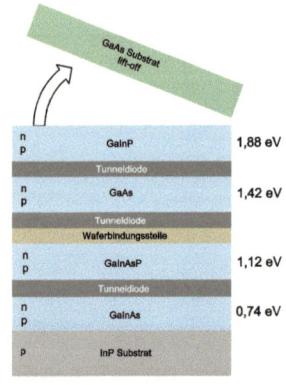

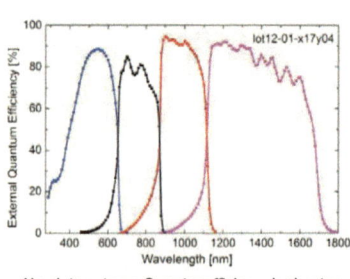

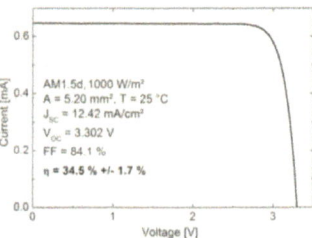

Schichtaufbau der vier-Junction Solarzelle. [18]

Absolute externe Quanteneffizienz der besten GaInP/GaAs/GaInAsP/GaInAs-Solarzellen. [18]

I-V-Kennlinie für die beste GaInP/GaAs//GaInAsP/GaInAs-Solarzelle.

[18] F. Dimroth, M. Grave, P. Beutel, U. Fiedeler, C. Karcher. Wafer bonded four-junction GaInP/GaAs//GaInAsP/GaInAs concentrator solar cells with 44.7% efficiency. Progress in Photovoltaics, 22. 2014, pp. 277–282.

Herstellung

Metall-organische Dampfphasenepitaxie wird in einem Aixtron 2800-G4-TMreaktor durchgeführt.

Aixtron 2800-G4-TMreaktor[19]

[19] http://www.aixtron.com/fileadmin/documents/matrix/production_systems/AIX_2800G4-TM_01.pdf

CCIS (CIGS, CIGSe)
Maximaler zertifizierter Wirkungsgrad: 22,3%[8]

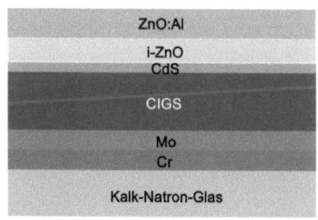

Schichtaufbau der CIGS-Zelle. [20]

ZnO:Al: Durch Al stark n-dotiert und bildet den n-Heteropartner für CIGS. Bedingt durch die recht hohe Bandlücke des ZnO (E_g = 3,2 eV) ist diese Schicht für sichtbares Licht durchlässig. Daher auch **Fensterschicht**.

i-ZnO, CdS: Pufferschichten zur Gitteranpassung zwischen CIGS und ZnO:Al.

CIGS-Absorber: durch intrinsische Defekte im Material leicht p-dotiert.

Mo als *CIGS-Rückkontakt*:
- gute Haftung auf Glas
- hohe elektrischen Leitfähigkeit
- geringe Diffusion
- bildet einen ohmschen Kontakt zwischen CIGS und Cr. (Entstehung von MoSe$_2$-Schicht während der Absorberkristallisation).
- **Cr**: Barriereschicht.

[8] The National Renewable Energy Laboratory (NREL), http://www.dyesol.com/media/wysiwyg/documents/eNewsletter/efficiencies_chart.jpg.

[20] A. Werth, Verlustanalyse für die Leerlaufspannung von galvanisch hergestellten Dünnschichtsolarzellen auf Basis von Cu(In,Ga)Se$_2$ auf flexiblen Metallsubstraten. Carl von Ossietzky Universität Oldenburg: s.n., **2013**.

Herstellung

Mo- und ZnO-Schichten: Sputterdepositiion

CdS: Chemische Badabscheidung

CIGS: Durch gleichzeitige thermische Verdampfung der Elemente bzw. das Abscheiden der Metalle (Cu, In, Ga) durch Sputterdeposition mit anschließender Erhitzung in einer Selen-Atmosphäre.

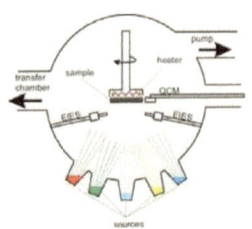 

Links: Schematische Darstellung eines physikalischen Dampfabscheidungssystems (engl. Physical Vapor Deposition, PVD), Rechts: Abb. [22]

[22] Universität Luxemburg. [Online] 2016. [Cited: 7 10, **2016**] http://wwwde.uni.lu/var/ storage/images/media/images/pvd_schema2/315556-1-fre-FR/pvd_schema_large.jpg.

CCZTS(Se) (Cu$_2$ZnSnS(Se)$_4$)

Maximaler zertifizierter Wirkungsgrad: 12,6% [8]

Kesterit Photovoltaiks haben sich durch den Ersatz vom seltenen In durch Zn und Sn, als Ersatz für die Chalcopyrit-Absorber erwiesen.

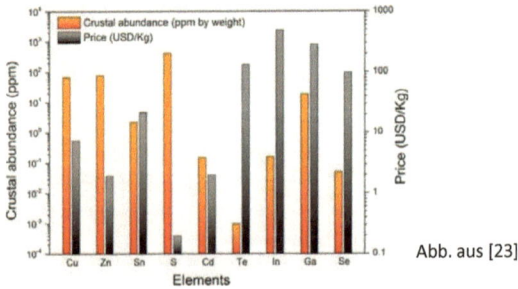

Abb. aus [23]

[8] The National Renewable Energy Laboratory (NREL), http://www.dyesol.com/media/wysiwyg/documents/eNewsletter/efficiencies_chart.jpg
[23] S. Das, K. C. Mandal, R. N. Bhattacharya. Earth-Abundant Cu$_2$ZnSn(S,Se)$_4$ (CZTSSe) Solar Cells. Department of Electrical Engineering, Kennesaw State University, Marietta : Springer International Publishing Switzerland, **2016**.

Schichtaufbau der CZTS(Se)-Solarzelle

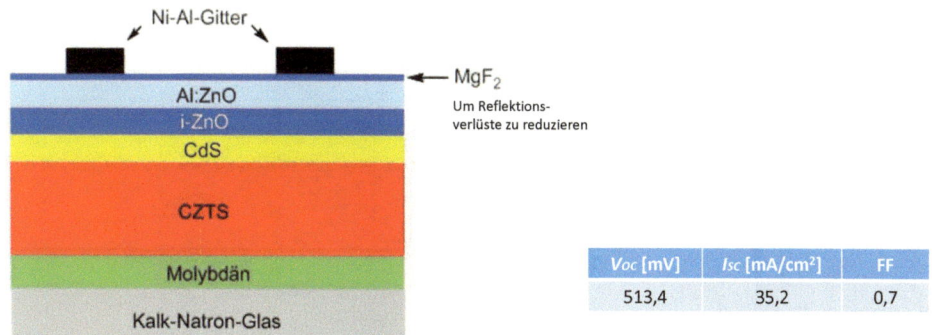

V_{OC} [mV]	I_{SC} [mA/cm²]	FF
513,4	35,2	0,7

[8] The National Renewable Energy Laboratory (NREL), http://www.dyesol.com/media/wysiwyg/documents/eNewsletter/efficiencies_chart.jpg.

Die Oberflächenätzung von Halbleitern

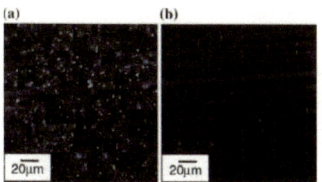

Sauerstoffverteilung auf der CZTS Oberfläche: vor und nach dem Eintauchen in DI-Wasser. [24]

Die Oberflächenätzung von Halbleiterschichten:
→ bessere Verbindungseigenschaften mit den darauffolgenden Heteroschichten.
→ Rekombination an der Grenzfläche wird reduziert.

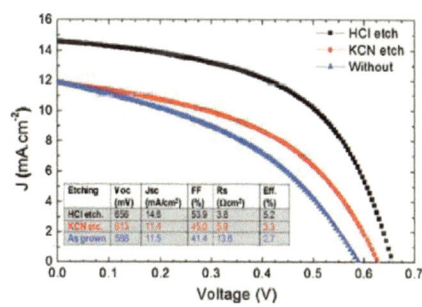

I-V-Kennlinien von drei Solarzellen, bei denen die CZTS-Absorber unter Verwendung von HCl, KCN- oder ohne geätzt wurden. [25]

[24] Enhanced conversion efficiencies of Cu_2ZnSnS_4-based thin film solar cells by using preferential etching technique. Appl. Phys. Exp. 1, 041201. **2008**.
[25] A. Fairbrother, E. García-Hemme, V. Izquierdo-Roca, X. Fontané, F. A. Pulgarín-Agudelo, O. Vigil-Galán, A. Pérez-Rodríguez, E. Saucedo, Development of a selective chemical etch to improve the conversion efficiency of Zn-Rich Cu_2ZnSnS_4 solar cells. J. Am. Chem. Soc. 134. **2012**, pp. 8018–8021.

Organische Solarzellen
Polymere Solarzellen
Maximaler zertifizierter Wirkungsgrad: 11,5% [8]

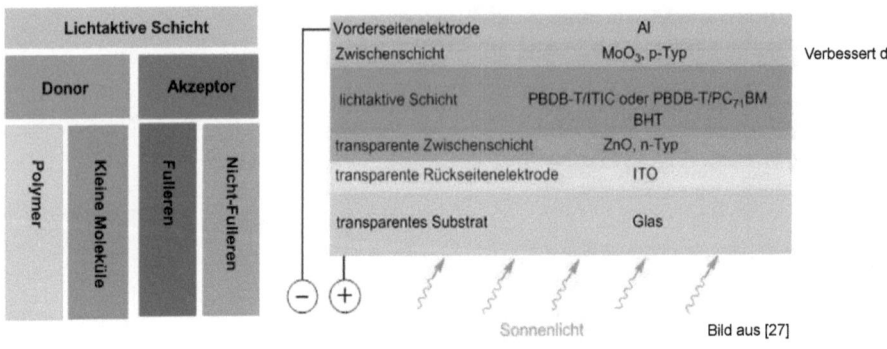

Bild aus [27]

[8] The National Renewable Energy Laboratory (NREL), http://www.dyesol.com/media/wysiwyg/documents/eNewsletter/efficiencies_chart.jpg.
[27] W. Zhao, D. Qian, S. Zhang, S. Li, O. Inganäs, F. Gao. Fullerene-Free Polymer Solar Cells with over 11% Efficiency and Excellent Thermal Stability. Adv. Mater. 2016.

Das Banddiagramm

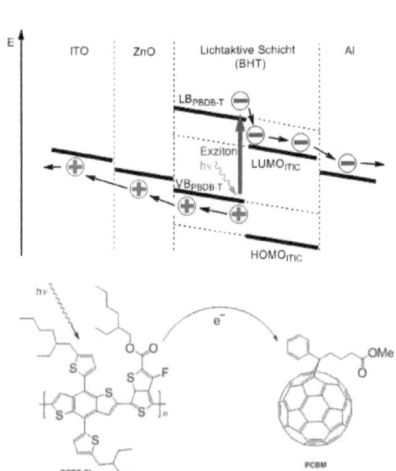

Donor-Akzeptor-System:

- Hohe Quanteneffizienzen bedingen die räumliche Nähe der Donor-und Akzeptormoleküle. [28]
- Das Licht fällt auf den aktiven (BHJ)-Schicht bestehend aus Donorpolymer/Akzeptormolekül bzw. Donorpolymer/Akzeptorfulleren-Derivat.
- Das Polymer absorbiert Sonnenlicht und erzeugt dadurch auf der Polymerkette Exzitonen, die durch ultraschnellen Elektronentransfer getrennt werden.
- Die positiven Löcher wandern über das Polymernetzwerk zum ITO, während die Elektronen über den Akzeptor zur negativen Metallelektrode wandern.

[28] N. S. Sariciftci, L. Smilowitz, A. J. Heeger. Photoinduced Electron Transfer from a Conducting Polymer to Buckminsterfullerene. Science, 258. **1992**, pp. 1474-6.

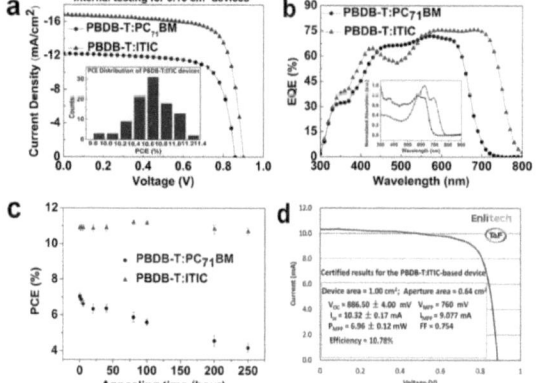

[29] W. Zhao, D. Qian, S. Zhang, S. Li, O. Inganäs, F. Gao. Fullerene-Free Polymer Solar Cells with over 11% Efficiency and Excellent Thermal Stability. Adv. Mater. 2016.

Abb. aus [30]

[30] W. Zhao, D. Qian, S. Zhang, S. Li, O. Inganäs, F. Gao. Fullerene-Free Polymer Solar Cells with over 11% Efficiency and Excellent Thermal Stability. Adv. Mater. 2016.

Organische Solarzellen basierend auf kleine Moleküle
Maximaler zertifizierter Wirkungsgrad: 13,2%[31]

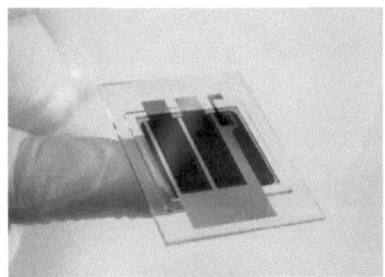

Die Rekordzelle (13,2%) der Firma Heliatek, Dresden. [32]

[31] Heliatek. [Online] [Cited: 07 13, **2016**] http://www.heliatek.com/de/heliafilm /technologie.
[32] Heliatek. [Online] [Cited: 11 3, **2016**] http://www.heliatek.com/de/presse/ downloads#dlsolar.

1 HTM
2 HTM
3 Donor
4 Akzeptor
5 4,7-Diphenyl-1,10-phenanthrolin
als Kathodenpuffer

[33] D. Curiel, M. Más Montoya, M. Hummert, M. Riede, K. Leo. Doped-carbazolocarbazoles as hole transporting materials in small molecule solar cells with different architectures. Organic Electronics 17. **2015**, pp. 28–32.

Invertierte (p-i-n) und konventionelle (n-i-p) Abscheidungssequenz

HTM	V_{OC} (V)	J_{SC} (mA/cm^2)	FF	η (%)
p-i-n Struktur				
1	0,96	1,55	58,1	0,86
2	0,74	1,69	15,6	0,19
n-i-p Struktur				
1	1,05	2,52	49,5	1,31
2	1,07	2,25	31,2	0,75

NDP9: p-Dotiermittel

[33] D. Curiel, M. Más Montoya, M. Hummert, M. Riede, K. Leo. Doped-carbazolocarbazoles as hole transporting materials in small molecule solar cells with different architectures. Organic Electronics 17. **2015**, pp. 28–32.

I-U-Charakteristik

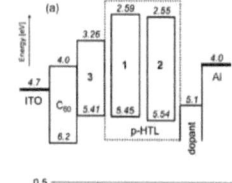
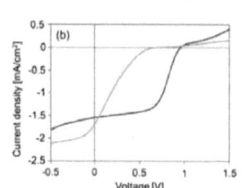

Vermutete Ursachen:
- Unausgewogene Mobilitäten
- Energiebarrieren an der aktiven Schicht oder an den elektroden
- Transportbeschränkung

→ Ladungsakkumulation

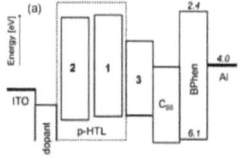
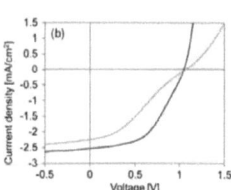

Die bessere energieausrichtung der dotierten carbazolocarbazole auf der ITO-Seite verbessert den Stromfluss.

[33] D. Curiel, M. Más Montoya, M. Hummert, M. Riede, K. Leo. Doped-carbazolocarbazoles as hole transporting materials in small molecule solar cells with different architectures. Organic Electronics 17. **2015**, pp. 28–32.

Herstellung

- ITO-Glas wird mit Aceton und Ethanol gewaschen und mit Sauerstoffplasma gereinigt.

- Lochtransportmaterialien **1** und **2** dotiert mit 20% NDP9, Indoperylenderivat-Donor **3** und Akzeptor-Fulleren **4** werden mittels Coevaporation abgeschieden.

- Al-Elektrode mittels thermisches Verdampfen.

- Die Zelle wird unter inerter Atmosphäre UV-gehärtet.

[33] D. Curiel, M. Más Montoya, M. Hummert, M. Riede, K. Leo. Doped-carbazolocarbazoles as hole transporting materials in small molecule solar cells with different architectures. Organic Electronics 17. **2015**, pp. 28–32.

Hybrid Solarzellen
Farbstoffsensibilisierte Solarzelle (DSSC), Grätzelzelle, 11,9%[8]

Das Banddiagramm und der Schichtaufbau

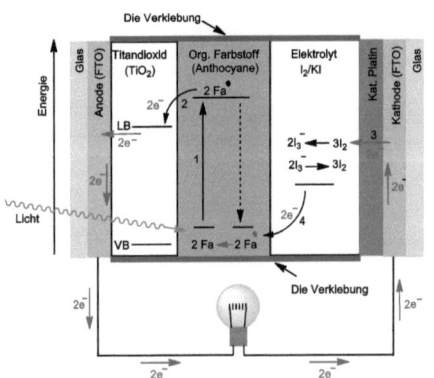

Ruthenium-Komplex cis–Ru(2,2'–bipyridyl–4,4'–dicarboxylato)$_2$(NCS)$_2$

Der Anthocyan-Farbstoff Cyanidin-3-O-glucosid wird aus Holunder gewonnen.

[8] The National Renewable Energy Laboratory (NREL), http://www.dyesol.com/media/wysiwyg/documents/eNewsletter/efficiencies_chart.jpg.

Quantum dot Solarzellen

Maximaler zertifizierter Wirkungsgrad: 11,3%[8]

Die atomare Größenordnung: ca. 10⁴ Atome.

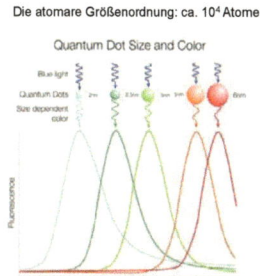

Beispiel der Emission in Abhängigkeit von der Größe der QDs. [34]

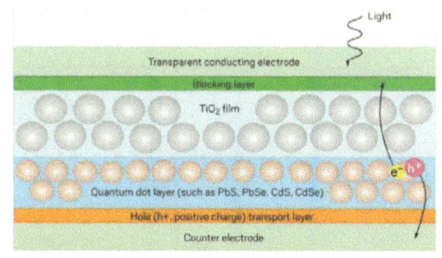

Allgemeine Funktionsweise:
- Licht fällt auf eine lichtempfindliche Schicht von Punkten (PbS, PbSe, CdS, CdSe)
- Bildung von Elektron-Loch-Paare.
- Ladungsträger werden getrennt und wandern zur jeweiligen Elektrode.
- Elektrischer Strom wird erzeugt.[35]

[34] nanosys. [Online] [Cited: 08 02, 2016] http://www.nanosysinc.com/what-we-do/quantum-dots/.
[35] M. Jacoby. The future of low-cost solar cells. C&en. 5 2, **2016**, Vol. 94, 18, pp. 30-35.

CdSe-QDs gebunden an mesoskopischen TiO$_2$-Film

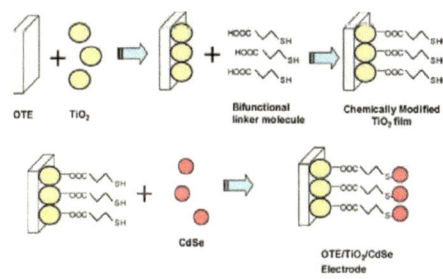

Anbindung von CdSe-QDs an TiO$_2$-Oberfläche mit dem bifunktionellen Oberflächenmodifizierer Mercaptopropionsäure (MPA).[37]

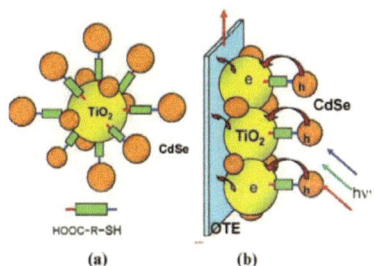

Die Verbindung von CdSe-QDs an TiO$_2$-Teilchen mittels (MPA).[37]

[37] I. Robel, V. Subramanian, M. Kuno, P. V. Kamat. Quantum Dot Solar Cells. Harvesting Light Energy with CdSe Nanocrystals Molecularly Linked to Mesoscopic TiO$_2$ Films. J. AM. CHEM. SOC., 128. **2006**, pp. 2385-2393.

I-V-Charakteristiken

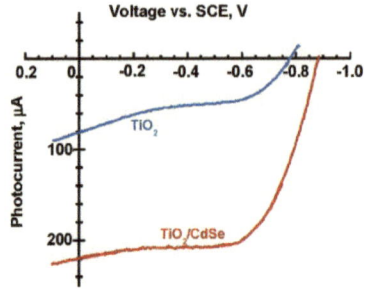

a) OTE/TiO$_2$ und b) OTE/TiO$_2$/MPA/CdSe-Filmen. [38]
SCE = „Saturated Calomel Electrode".

[38] I. Robel, V. Subramanian, M. Kuno, P. V. Kamat. Quantum Dot Solar Cells. Harvesting Light Energy with CdSe Nanocrystals Molecularly Linked to Mesoscopic TiO$_2$ Films. J. AM. CHEM. SOC., 128. **2006**, pp. 2385-2393.

CdSe-C$_{60}$ Quantum dot Solarzellen

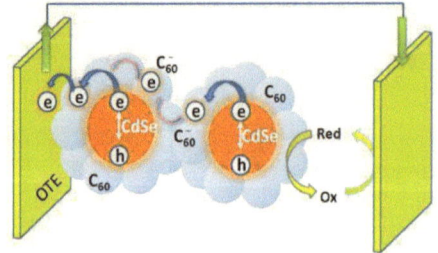

Die Photostrom-Generierung bei CdSe-nC$_{60}$ Verbundcluster. [39]

OTE: optisch transparente Elektrode.

C$_{60}$ als Akzeptor zum Elektronenernten aus Lichtangeregten CdSe-QDs.

[39] P. V. Kamat, P. Brown, V. Prashant, Quantum Dot Solar Cells. Electrophoretic Deposition of CdSe-C$_{60}$ Composite Films and Capture of Photogenerated Electrons with nC$_{60}$ Cluster Shell. JACS, 130. **2008**, pp. 8890–8891.

Absorption und IPCE

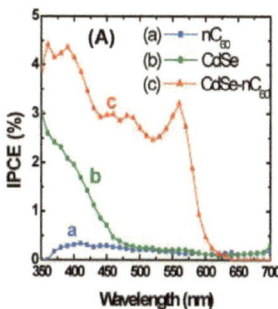
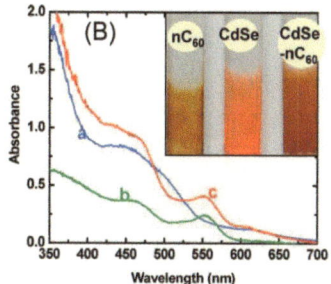

A) Die mit dem Fulleren C_{60} umhüllten CdSe-Nanopartikel wandeln die Energie des Lichts der Wellenlänge zwischen 350 nm und 600 nm am besten in elektrischen Strom um (rote Linie), als die Einzelne Bestandteile nC_{60} (blaue Linie) und CdSe (grüne Linie).

(B) Absorptionsspektren

[39] P. V. Kamat, P. Brown, V. Prashant, Quantum Dot Solar Cells. Electrophoretic Deposition of CdSe-C_{60} Composite Films and Capture of Photogenerated Electrons with nC_{60} Cluster Shell. JACS, 130. **2008**, pp. 8890–8891.

Kohlenstoff-"Nanotubes" in Photoelektrochemischen Solarzellen

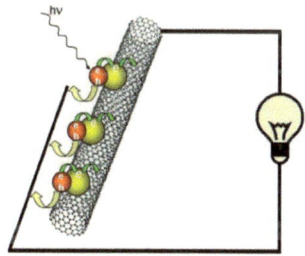

Elektronentransport in Halbleiterfilm: (A) in Abwesenheit und (B) in der Gegenwart einer „Nanotube"-unterstützenden Struktur. [40]

- SWCNTs als leitendes Gerüst in einer photoelektrochemischen Zelle auf TiO_2-Halbleiterbasis ". [40]
- Verbesserung des Transports von Ladungsträgern zur Oberfläche der Sammelelektrode.

[40] A. Kongkanand, R. Martinez Dominguez, P. V. Kamat. Single Wall Carbon Nanotube Scaffolds for Photoelectrochemical Solar Cells. Capture and Transport of Photogenerated Electrons. Nano Lett., Vol. 7, No. 3. **2007**, pp. 676–680.

I-V-Charakteristik

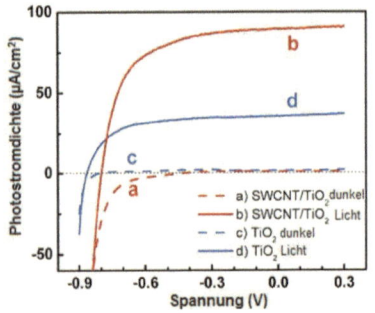

Die OTE/SWCNT/TiO$_2$ weist höheren Photostrom als OTE/TiO$_2$ und bestätigt somit die Rolle des SWCNT Gerüsts in der Verbesserung der Gesamten photoelektrochemischen Leistung.

Strom-Spannungskennlinien.[40]

[40] A. Kongkanand, R. Martinez Dominguez, P. V. Kamat. Single Wall Carbon Nanotube Scaffolds for Photoelectrochemical Solar Cells. Capture and Transport of Photogenerated Electrons. Nano Lett., Vol. 7, No. 3. **2007**, pp. 676-680.

Perowskit-Solarzelle

Maximaler zertifizierter Wirkungsgrad: 22,1%[8]

1839 entdeckte Gustav Rose das Calciumtitanat (CaTiO$_3$) in Russland und nannte es nach dem russischen Mineralogen L. A. Perowski.

Eine Dünnschicht aus Perowskit, der fast durchsichtig ist. Es wurde mittels Gasphasenabscheidung auf einer Glasplatte abgeschieden. [41]

[41] http://www.spektrum.de/news/fotovoltaik-solarzellen-aus-perowskit/1218435. [Online] [Cited: 5 26, **2016**].

Entwicklungsgeschichte der Perowskit-Solarzelle

- **2009** verwendete Kojima et al $CH_3NH_3PbI_3$ und $CH_3NH_3PbBr_3$ als Sensibilisierungsmittel für flüssige Elektrolyt-basierte DSSCs [42], **3,8%**.
- **2011** Im et al. verbesserte anschließend die Effizienz dieser flüssigen Elektrolytzellen auf **6,5%**. [43]
- **2012** ist das Problem gelöst, nachdem die Gruppe von Mercouri Kanatzidis Lösungsprozessierte $CsSnI_3$ als „Solid-State"-Lochleiter im „All-Solid-State"-DSSC verwendet. **10,2%**. [44]
- **2012**: Durchbruch in der „All-Solid-State"-$CH_3NH_3PbI_3$ Perowskit-Solarzellen durch die Gruppe von Michael Grätzel, in Zusammenarbeit mit Nam-Gyu Park, der Spiro-OMeTAD als „Solid-State"-Lochleiter verwendet hat. **9,7%**. [45]
- **2012**: Tsutomu Miyasaka in Zusammenarbeit mit Henry Snaith, berichteten von einer Perowskitzelle, in der der n-Typ-me-TiO_2 durch (me)-Al_2O_3 Gerüst ersetzt wurde. **10,9%**. [46]
- **2013**: Michael Grätzel erreichte mit einer me-TiO_2-Perowskit-Solarzelle dank einem sequenziellen Abscheidungsansatz **15%**. [47]
- **2016**: Ein kore . anisches Forschungsinstitut (Sang Il Seok's Gruppe (KRICT/UNIST, Süd Korea) baute eine Solarzelle, die einen Wirkungsgrad von **22,1%**.

[42] A. Kojima, K. Teshima, Y. Shirai, T. Miyasaka, Organomethal Halide Perovskites as Visible-Light Sensitizers for Photovoltaic Cells. J. Am. Chem. Soc. 131. 2009, pp. 6050-6051.
[43] J. H. Im, C. R. Lee, J. W. Lee, S. W. Park, N. G. Park, 6.5% efficient perovskite quantum-dot-sensitized solar cell. Nanoscale 3. 2011, pp. 4088-4093.
[44] I. Chung, B. Lee, J. He, R. P. H. Chang, M. G. Kanatzidis, All-solid-state dye-sensitized solar cells with high efficiency. Nature 485. 2012, pp. 486-489.
[45] H. S. Kim et al. Lead iodide perovskite sensitized all-solid-state submicron thin film mesoscopic solar cell with efficiency exceeding 9%. Sci. Rep. 2. 2012, p. 591.
[46] M. M. Lee, J. Teuscher, T. Miyasaka, T. N. Murakami, H. J. Snaith, Efficient hybrid solar cells based on meso-superstructured organomethal halide perovskites. Science 338. 2012, pp. 643-647.
[47] J. Burschka, N. Pellet, S. J. Moon, R. Humphry-Baker, P. Gao, M. K. Nazeeruddin, M. Grätzel, Sequential deposition as a route to high-performance perovskite-sensitized solar cells. Nature 499. 2013, pp. 316-319.

Kristallstruktur des Perowskits

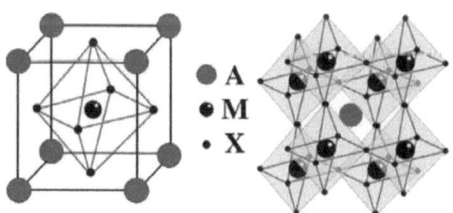 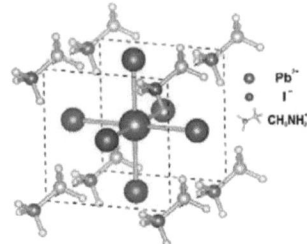

Repräsentiert durch den einfachen Baustein **AMX₃** [48]

A = organisches Kation

M = Metallkation (Ca, K, Na, Pb, Sr oder verschiedene seltene Metalle)

X = Oxid- oder Halogenidanion

$CH_3NH_3PbI_3$

Kationen und Anionen bilden einen **MX₆**-Oktaeder mit **M** im Zentrum und **X** an den Eckpositionen.
Die **MX₆**-Oktaeder bilden ein eckenverknüpftes dreidimensionales Netzwerk

[48] S. Kazim, M. K. Nazeeruddin, M. Grätzel, S. Ahmad. Perowskit als Lichtab-sorptionsmaterial: ein Durchbruch in der Photovoltaik. Angew. Chem. 2014, Vol. 126, pp. 2854 – 2867.

Konventionelle (n-i-p) und invertierte (p-i-n) Struktur

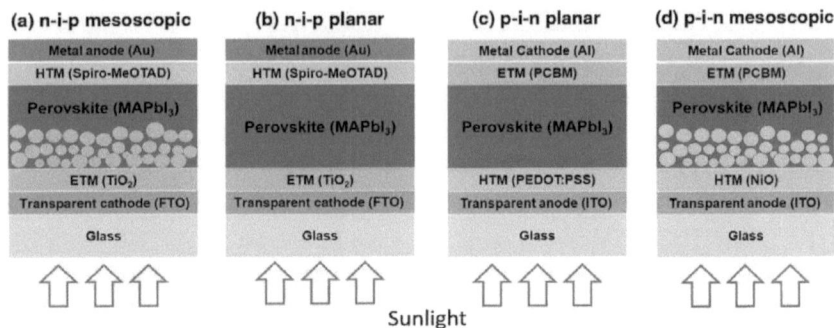

Lochblockierschicht: [6,6]-PhenylC$_{61}$-buttersäuremethylester (PCBM)

[49] Z. Song, S. C. Watthage, A. B. Phillips, M. J. Heben. Pathways toward high-performance perovskite solar cells: review of recent advances in organo-metal halide perovskites for photovoltaic halide perovskites for photovoltaic. Journal of Photonics for Energy, 6(2). **2016**, pp. 022001-1 - 022001-23.

ETMs und HTMs

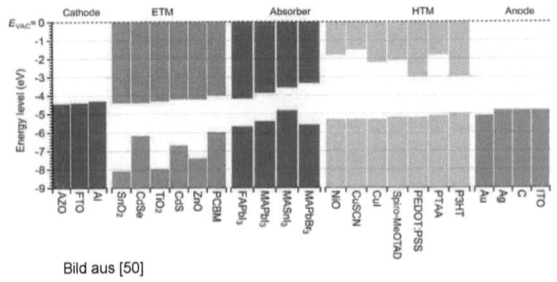

Bild aus [50]

Die Wahl des ETM und HTM ist wichtig, um eine hohe Ladungsselektivität zu erreichen und gleichzeitig eine niedrige Oberflächenrekombinationsgeschwindigkeit aufrechtzuerhalten.

HTMs		
Kleine Moleküle	Organische Polymere	Anorganische Stoffe
Spiro-MeOTAD (19,7%)	Poly(triarylamin) (PTAA) (20,2%)	Cu:NiOx (17,7%)

ETMs	
Kleine Moleküle	Anorganische Stoffe
[6,6]-Phenyl-C$_{61}$ Buttersäure-methylester (PCBM) (18,9%)	TiO$_2$ (20,2%)

[50] Z. Song, S. C. Watthage, A. B Phillips, M. J Heben, Pathways toward high-performance perovskite solar cells, review of recent advances in organo-metal halide perovskites for photovoltaic applications. J. Photon Energy. **2016**, Vol. 6, 2.

ETMs und HTMs

- HTM ist keine Voraussetzung, bei qualitativ hochwertige Perowskit-Schicht. Ein Metall wie Au kann allein Löcher aus dem Perowskit-Absorber extrahieren. η = 5 bis 12%. [51], [52], [53]

- ETM ist ebenfalls keine Voraussetzung. Die Perowskitschicht wird direkt auf FTO Substrate abgeschieden. (14%) [54], [55]

[51] F. Hao et al. Controllable perovskite crystallization at a gas-solid interface for hole conductor-free solar cells with steady power conversion efficiency over 10%. J. Am. Chem. Soc. 136(46). **2014**, pp. 16411–16419.
[52] L. Etgar et al. Mesoscopic $CH_3NH_3PbI_3/TiO_2$ heterojunction solar cells. J. Am. Chem. Soc. 134(42). **2012**, pp. 17396–17399.
[53] W. A. Laban and L. Etgar. Depleted hole conductor-free lead halide iodide heterojunction solar cells. Energy Environ. Sci. 6(11). **2013**, pp. 3249–3253.
[54] W. Ke et al. Efficient hole-blocking layer-free planar halide perovskite thin-film solar cells. Nat. Commun. 6. **2015**, p. 6700.
[55] D. Liu, J. Yang, T. L. Kelly. Compact layer free perovskite solar cells with 13.5% efficiency. J. Am. Chem. Soc. 136(49). **2014**, pp. 17116–17122.

Herstellung

Einstufige Lösungsabscheidung

(a)
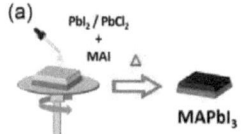

Zweistufige Lösungsabscheidung

(b)
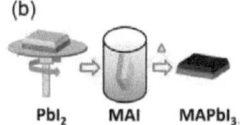

Dampfunterstützte Lösungsabscheidung

(c)
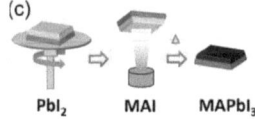

Thermische Dampfabscheidung

(d)
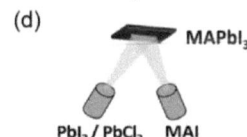

[50] Z. Song, S. C. Watthage, A. B Phillips, M. J Heben, Pathways toward high-performance perovskite solar cells, review of recent advances in organo-metal halide perovskites for photovoltaic applications. J. Photon Energy. **2016**, Vol. 6, 2.

I-V-Kennlinie und EQE der besten Zellen

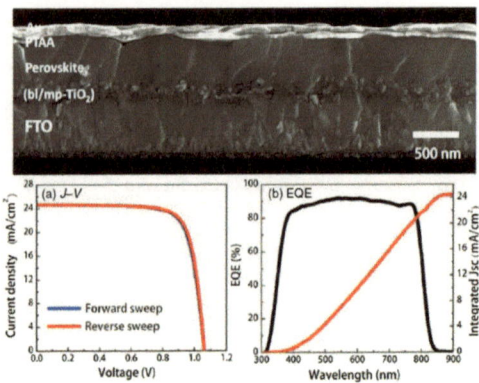

[56] W. S. Yang et al. High-performance photovoltaic perovskite layers fabricated through intramolecular exchange. Science 348(6240). **2015**, pp. 1234–1237.

Zusammenfassung

- Die Energieerzeugung durch Sonnenlicht ist die Zukunft.
- Die Parameter von Solarzellen geben Auskunft über die Leistung und Qualität einer Solarzelle und zeigen zusammen mit anderen Messverfahren, wo evtl. noch Verbesserungsmöglichkeiten vorgenommen werden können.
- Es wurden die gängigsten Solarzellentypen dargestellt:
    - Ihr Maximal erreichter Wirkungsgrad
    - Der Aufbau und die Funktionsweise
    - Die Energiediagramme
    - Die Kennlinien
    - Die Herstellungsverfahren
- Die Perowskit-Solarzellen haben dank ihrer günstigen Herstellung aus nicht-toxischen Materialien und ihrem relativ hohen Wirkungsgrad, das Potential die effektivsten Photovoltaiks zu werden.

BEI GRIN MACHT SICH IHR WISSEN BEZAHLT

- Wir veröffentlichen Ihre Hausarbeit, Bachelor- und Masterarbeit

- Ihr eigenes eBook und Buch - weltweit in allen wichtigen Shops

- Verdienen Sie an jedem Verkauf

Jetzt bei www.GRIN.com hochladen und kostenlos publizieren